BEI GRIN MACHT SICH IHR WISSEN BEZAHLT

- Wir veröffentlichen Ihre Hausarbeit,
  Bachelor- und Masterarbeit

- Ihr eigenes eBook und Buch -
  weltweit in allen wichtigen Shops

- Verdienen Sie an jedem Verkauf

Jetzt bei www.GRIN.com hochladen
und kostenlos publizieren

Otto von Guerickes Platz in der Geschichte der Elektrizitätslehre. Das Schwefelkugelexperiment

Martin Scheidegger

Bibliografische Information der Deutschen Nationalbibliothek:

Die Deutsche Nationalbibliothek verzeichnet diese Publikation in der Deutschen Nationalbibliografie; detaillierte bibliografische Daten sind im Internet über http://dnb.d-nb.de abrufbar.

ISBN: 9783656847588
Dieses Buch ist auch als E-Book erhältlich.

© GRIN Publishing GmbH
Nymphenburger Straße 86
80636 München

Druck und Bindung: Books on Demand GmbH, Norderstedt Germany
Gedruckt auf säurefreiem Papier aus verantwortungsvollen Quellen

Das Buch bei GRIN: https://www.grin.com/document/284464

Otto von Guerickes Schwefelkugelexperiment

Über Guerickes Platz in der Geschichte der Elektrizitätslehre

Martin Scheidegger

Inhaltsverzeichnis

1. Einleitung

Ich werde in diesem Text für folgende Thesen argumentieren:

I) Für Otto von Guericke stellte sein Aufbau des Schwefelkugelexperiments, genauer: bei demjenigen, wo die Schwefelkugel in einem Gestell gelagert wurde, keine Elektrisiermaschine dar.

I.1) Setzt man Guerickes Arbeit in Relation zu Naturforschern vor und nach ihm, lässt sich sein Experimentalkonstrukt als Vorform einer Reibungselektrisiermaschine interpretieren.

II) Dass dies nicht seine Absicht war, zeigt sich sowohl an dem theoretischen Kontext, in dessen Rahmen das Schwefelkugelexperiment vollzogen wird, als auch im mechanischen Aufbau und letztlich in der Durchführung des Experiments.

II.1) Der theoretische Kontext verortet das Experiment innerhalb einer (animistischen) Kosmologie. Das Experiment soll nach Guericke im kleinen Maßstab die ‚kosmischen Wirkkräfte' (im leeren Raum) demonstrieren, die etwa zwischen Erde und Mond wirken. Guericke verwendet das Konzept der Elektrizität nicht für seine Erklärungen.

II.2) Guerickes theoretische Präsuppositionen haben ihm die elektrische Natur der beobachteten Phänomene verstellt und sein Experimentaldesign stark geprägt. Die Konstruktion der gelagerten Schwefelkugel und Guerickes Beschreibung der Experimente (besonders auch mit der nicht gelagerten, frei getragenen Schwefelkugel) lassen darauf schließen, dass die Rotation der Kugel nur ein sekundärer Vorgang innerhalb des Experiments war und nicht zur kontinuierlichen Aufladung/'Elektrisierung' oder dergleichen erfolgte.

Die Briten haben durch den mehr oder weniger absichtlichen Ausschluss der veranschlagten kosmischen Theorie Guerickes bei der Reproduktion des Experiments einen entscheidenden Schritt auf dem Weg zur ersten eigentlichen Elektrisiermaschine getan.

2. Anachronistische Fehldeutungen des Schwefelkugelexperiments

Von Guericke wurde nicht nur behauptet, er hätte die erste Elektrisiermaschine erfunden, sondern auch, dass er mit seinen Schwefelkugelexperimenten als Pionier auf dem Gebiet der Elektrizitätsforschung zu gelten habe. Guericke brachte zwar mit seinen Experimenten zuvor unbeobachtete oder vernachlässigte (elektrische) Effekte ans Licht, aber ihm wurde *fälschlicherweise* der Bau der ersten Elektrisiermaschine zugeschrieben.[1] Die meisten Zuschreibungen dieser Art beruhen jedoch auf *anachronistischen* Deutungen der Experimente Guerickes, die Guerickes Intentionen und dem Wissensstand seiner Zeit nicht angemessen sind. Obwohl Guericke Gilbert und andere frühe ‚Elek-trizitätsforscher' kannte, formulierte er die Ergebnisse seiner Experimente nicht in Begriffen der Elektrizität.[2] So wenden u.a. Daniel Gralath, Joseph Priestley, Florian Cajori, Henry Crew und Charles Singer stets aus der Perspektive der Elektrophysik ihrer Zeit heraus Begriffe und Konzepte auf die Schwefelkugelversuche an, die Guericke noch nicht hatte.[3] Selten wird darauf Acht gegeben, wie in der kursiv gesetzten Passage folgenden Satzes: „Guericke vermochte [..] bei seinen Versuchen mit der Schwefelkugel, *in Worten unserer Zeit ausgedrückt*, [..] die Erscheinungen der elektrischen Leitung und der elektrischen Influenz sowie die entladende Wirkung der Flamme wahrzunehmen."[4]

Erich Moewes fasst die grundlegenden Erkenntnisse Otto von Guerickes auf dem Gebiete der Elek-trophysik in heutiger Terminologie wie folgt zusammen:

> „1. Der Nachweis der Elektrisierbarkeit durch Berührung, was heute als Ladungsaustausch an der Grenzschicht zweier Medien zu bezeichnen wäre. 2. Die Fortpflanzung der elektrischen Wirkung durch einen Leinenfaden: das entspricht der elektrischen Leitung in Festkörpern. 3. Die Vorstellung von der unkörperlichen, durchdringungsfähigen, sich allseitig ausbreitenden Kraftwirkung, die später in der Theorie des elektrischen Feldes ihren Niederschlag fand. 4. Die vermutete Aufnahme von etwas Stofflichem, durch welches das elektrische Verhalten eines Körpers verändert wird. Dies wurde mit dem Nachweis frei beweglicher Ladungsträger (Elektronen) zu Beginn des 20. Jahrhunderts bestätigt."[5] Zudem ist als weiteres Verdienst Guerickes anzusehen, dass er die elektrische Absto-

---

[1] Vgl. Schiffer (2003), S. 17.
[2] Vgl. Schiffer (2003), S.18.
[3] Vgl. Heathcote (1950), S. 293-295.
[4] Klemm (1965), S. 69.
[5] Moewes (1996), S. 40.

ßung, die Cabeus schon vor ihm beobachtete, „augenfälliger demonstriert und zutreffender beschrieben hat"[6].

Es gibt aber bei genauerer Untersuchung der *Experimenta nova* und der zeitgenössischen Quellen keinen fundierten Anlass davon zu sprechen, dass Guericke beabsichtigte mit seinen Experimenten die Elektrizität zu untersuchen, sondern vielmehr zeigt sich als eigentlicher Zweck seiner Forschungen die Demonstration der Weltkräfte, die die Erde ausübt. Es wird von Guericke so gut wie kein Bezug von den eigenen Experimenten zur Elektrizität hergestellt.[7] Die *isolierte Betrachtung* des Kapitels XV des 4. Buches der *Experimenta nova* hat wahrscheinlich zu den verbreiteten Fehleinschätzungen der Historiker geführt, weshalb dieser Abschnitt des Werkes zum besseren Verständnis immer im Kontext des gesamten Textes gelesen werden sollte.[8] Hätte Guericke seine Beobachtungen zum Schwefelkugelexperiment nicht in einem einzigen Kapitel seines Werkes konzentriert, wäre er retrospektiv wahrscheinlich nie zu einem Vorreiter einer Disziplin erklärt geworden, für die er selbst nur wenig Interesse zeigte. Sein Hauptanliegen drückte sich deutlicher in seinen Spekulationen über die Weltkörper und die zwischen ihnen wirkenden Kräfte aus.[9] Einfach gesagt: „Von heute aus gesehen, rückblickend also, ist diese Schwefelkugel eine erste Elektrisiermaschine, an der *Guericke* eine ganze Reihe trefflicher Feststellungen über Reibungselektrizität machte. Für *Guericke* aber bedeutete diese ‚Kugel von wunderlicher Wirkung', wie sie von Leibniz genannt wurde, und die an ihr feststellbaren Kräfte etwas ganz anderes."[10]

Guerickes Schwefelkugel wurde also nicht als Elektrisiermaschine erdacht und diente ebenso nicht der Untersuchung des Wesens der Elektrizität. Allein an einer Stelle wird die elektrische Kraft auf die ‚erhaltende Kraft' (*virtus conservativa*) zurückgeführt.[11]

---

[6] Moewes (1996), S. 40.
[7] Vgl. Heathcote (1950), S. 297.
[8] Vgl. Heathcote (1950), S. 297f.
[9] Vgl. Heathcote (1950), S. 305.
[10] Klemm (1965), S. 67.
[11] Vgl. Heathcote (1950), S. 304.

3. Der Ort des Schwefelkugelexperiments in der Geschichte der Elektrizitätsforschung

Otto von Guericke ging es bei seinen Versuchen mit dem Vakuum und der Schwefelkugel folglich nicht um Pneumatik und Elektrizität. Nichtsdestotrotz hat sich im Anschluss an Guerickes neuartige Beobachtungen zusammen mit weiteren Untersuchungen anderer Naturwissenschaftler im ersten Drittel des 18. Jahrhunderts die Elektrizität als eigenständiges Untersuchungsfeld entwickelt. Etwas pathetisch formuliert dies Friedrich Klemm: „Alle diese Beobachtungen waren neuartig und von eminenter Bedeutsamkeit für die Experimentierkünste späterer Naturkundiger geworden. Beinhalten sie doch, wenn auch für *Guericke* nicht bewußt, wesentliche Eigenschaften des elektrischen Feldes mit seiner möglichen Fortleitbarkeit von Elektrizität."[12]

Gilbert bezeichnete (1590) Materialien, die durch Reibung leichte Dinge anziehen, als *corpora electrica* und wies ihnen (beruhend auf Untersuchungen Girolano Cordanos aus dem Jahre 1550) eine vom Magnetismus unterschiedene elektrische Kraft (*vis electrica*) zu.

1646 tauchte bei Thomas Browne erstmals der Begriff *electricity* auf, der aber nur die eingeschränkte Bedeutung einer durch Reibung hervorgerufenen *Anziehungskraft* bestimmter Materialien hatte.[13]

Guericke und auch andere nach ihm wehrten sich dagegen, das Phänomen der elektrostatischen Abstoßung ebenfalls wie die Anziehung der *vis electrica* (oder *virtus conservativa*) zuzuordnen und umgingen diese Konsequenz, indem sie sie als Rückpralleffekt (bei Cabeo) oder gar als Produkt einer gesonderten virtus expulsiva (bei Guericke) deuteten, wenn sie sie nicht einfach gänzlich unberücksichtigt ließen.

Charles François de Cisternay du Fay wiederholte 1733 Guerickes Experimente mit einer Glasröhre und einem darüber schwebenden Goldplättchen und entwickelte davon ausgehend die Idee *zweier Elektrizitätsarten*: der abstoßenden *électricité vitrée/vitreuse* (auch bekannt als positive Glaselektrizität) und der anziehenden *électricité resineuse* (negative Harzelektrizität).

Dass in Guerickes Experiment die negativ geladene Flaumfeder zu einem nahen, elektrisch neutralen Gegenstand strebt und erst wieder zur Kugel zurückkehrt, wenn sie

---

[12] Klemm (1965), S. 66.
[13] Vgl. Kraus (2006/2007), S. 23.

diesen berührt hat, zeigt auch, dass die *vis electrica* eine *gegenseitige Anziehungskraft* ist (denn der aufgeladene Körper ruht nicht). Dies zeigt sich meist aber nur bei leichten Gegenständen, da die Schwerkraft den Effekt nivelliert. Die Gegenseitigkeit die Cardano und Guericke nicht begriffen, wurde aber schon um 1660 von Honoré Fabri in Florenz unmittelbar festgestellt. Ein an einem Faden hängender, geriebener Bernstein – welcher vorher nur als anziehende Quelle gedacht wurde – bewegte sich in dessen Experimenten zu einem neutralen Gegenstand in der Nähe.[14]

„Da Guerickes Aufmerksamkeit nicht auf die Entdeckung diesbezüglich neuer Naturerscheinungen gerichtet war, verstand er *Leibniz* nicht, als dieser von den beobachteten Funken Mitteilung machte."[15] Guericke „erkannte noch nicht die Elektrizität als Ursache der beobachteten Vorgänge"[16].

Guerickes *Experimenta nova* fand keine weite Verbreitung. Guericke schickte sie zur *Royal Society* in London, wo Robert Hooke das Buch am 6. November 1672 vorstellte und zugleich feststellte, dass unter den darin aufgeführten Experimenten, nur dasjenige mit der Schwefelkugel es noch wert wäre, der Gesellschaft vorgeführt zu werden. Robert Boyle setzte dies dann am 27. November in die Tat um, wobei Guerickes Theorie der Weltkräfte schon außen vor gelassen wurde. Damit ist ein (wenn auch längerer) „direkter Weg von Guerickes Schwefelkugel zu Francis Hawksbees Glaskugelmaschine als erster eigentlicher, für die Royal Society konstruierter Elektrisiermaschine"[17] aufgezeigt. Es Leibniz zu verdanken, dass ein Bericht über die Schwefelkugelexperimente in die *Philosophical Transactions* der *Royal Society* in London aufgenommen wurde, der in der Folgezeit auf vereinzeltes Interesse stieß. Denn genau an diesem bedeutenden Ort wurde die Geschichte der Elektrizität dann weiter geschrieben.

Hawksbee, der Instrumentenmacher der Royal Society, wies nach, dass „dasselbe Phänomen, das nach Reibung eine Anziehungskraft hervorbrachte auch Leuchterscheinungen im Vakuum bewirkte"[18].

„Es gab im 17. Jahrhundert noch keine gezielten Untersuchungen elektrischer Vorgänge, sondern fast ausschließlich nur zufällige Beobachtungen, auf die man sich keinen

---

[14] Vgl. Kraus (2006/2007), S. 26.
[15] Kraus (2006/2007), S. 28.
[16] Kraus (2006/2007), S. 28.
[17] Krafft (2002), S. 101.
[18] Kraus (2006/2007), S. 29.

Reim machen konnte."[19] „Er [Guericke] ging den elektrischen Erscheinungen, die er beobachtete, nicht weiter nach, er untersuchte sie nicht in systematischer Weise."[20] All die beim Schwefelkugelexperiment beobachteten Phänomene auf elektrische Grundvorgänge zurückzuführen lag Guericke also fern. „Man kann daher Guericke selbst *noch keine* Erkenntnisse auf dem Gebiet der Elektrizitätslehre zuschreiben."[21] Die Schwefelkugel als Reibungselektrisiermaschine zu verstehen, „befand sich zu Guerickes Zeit erst recht noch nicht im menschlichen Vorstellungsbereich"[22]. Die Schwefelkugel war für Guericke *keine* Elektrisiermaschine, da sie ‚lediglich' die kosmischen Wirkkräfte demonstrieren sollte. Hätte Guericke die beobachteten Phänomene von seinen theoretischen Vorannahmen und Interessen isoliert und für sich genauer untersucht, könnte man in Guerickes Fall ernsthaft von Elektrizitätsforschung sprechen.[23]

„Hatte Guericke nun sowohl mit seinen experimentellen Ergebnissen wie mit den daraus von ihm gezogenen Schlussfolgerungen zur Entwicklung der Elektrizitätslehre beigetragen, so zeigte sich in der Folgezeit, daß auf diesem Wege nicht sogleich fortgeschritten wurde."[24] Denn noch lange überwogen frühere (vor allem mechanistische) Vorstellungen (u.a. bei Antonius le Grand, Johann Heinrich Zedler und Christian Wolff). So dachten manche Naturforscher z.B., die elektrische Anziehung und Abstoßung werde durch Erwärmung, die Bewegung feiner Stoffe oder gar die Modifizierung der Luftdichte hervorgerufen.[25]

Fritz Fraunberger stellt die entsprechende Diagnose:

„Bedenkt man, daß Guericke die Elektrisierung durch Mitteilung, die Leitung, die Influenz und die Spitzenwirkung in Händen hatte, so bleibt es rätselhaft, warum diese Beobachtungen bei den Zeitgenossen keinerlei Resonanz gefunden haben und auf die Entwicklung der Elektrizitätslehre nahezu ohne Einfluß waren. Mit ein Grund für den langsamen Fortgang der Entdeckungen mag gewesen

---

[19] Kraus (2006/2007), S. 29.
[20] Klemm (1965), S. 69.
[21] Kraus (2006/2007), S. 29.
[22] Kraus (2006/2007), S. 29.
[23] Vgl. Krafft (2002), S. 101.
[24] Moewes (1996), S. 39.
[25] Vgl. Moewes (1996), S. 39.

sein, daß eine praktische Verwendung der Elektrizität damals noch nicht einmal zu ahnen war."[26]

Erste wirklich gezielte Untersuchungen zur Elektrizität finden sich jedoch erst ab 1729 bei Stephen Gray, der u.a. die Leitfähigkeit von Materialien erforschte. „1675 nahm der Astronom Jean Piccard (1620-1682) bei der Bewegung der Quecksilberfüllung eines Torricellischen Barometerrohres sehr schwache Leuchterscheinungen wahr."[27] Dieses Phänomen veranlasste Hawksbee 1706 zu weiteren Versuchen mithilfe einer Maschine, die den Entwürfen Guerickes ähnelte, jedoch eine evakuierte Glaskugel verwendete, um in ihr diese Leuchteffekte zu produzieren und anschaulich zu machen. Dass diese Konstruktion „bereits ein Gerät zur kontinuierlichen Erzeugung größerer Elektrizitätsmengen" darstellte, wurde aber noch nicht erkannt. Für Guericke und Hawksbee waren diese Apparaturen also noch keine Elektrizitätsquellen.[28] „Gesicherte Beispiele für Maschinen [aus dem 18. Jahrhundert], bei denen anstatt der Reibkörper aus Glas auch solche aus Schwefel eingesetzt wurden, liegen nicht vor."[29]

4. Wann wird gerieben und wann gedreht?

Micheal Schiffer kritisiert die geläufige Interpretation des Experimentalaufbaus: Die Rotation der Kugel sei nicht Teil des elektrischen Aufladungsprozesses gewesen. Guericke habe die Kugel nur gedreht, wenn er die ‚erhaltende Kraft' anschaulich machen wollte. Dies zeige sich daran, dass er statt einer *Kurbel* nur einen Stiel oder Griff an die Schwefelkugel baute. Guericke war ein zu guter Ingenieur. Wäre die Rotation die Hauptaufgabe des Gestells gewesen, hätte er die Konstruktion besser gestaltet.[30] Ich schließe mich dem an. Guerickes Aufbau stellt deshalb keine *Maschine* im eigentlichen Sinne dar, wie sie von späteren Elektrizitätsforschern (z.B. Hauksbee) entwickelt wurde, weil es Guericke nicht darum ging, eine *kontinuierliche* Elektrisierung durch Rotation zu ermöglichen.[31] Ich lese Guericke so, dass er die Lagerung mittels eines durchbohrten

---

[26] Fraunberger [1964], S. 40.
[27] Kraus (2006/2007), S. 29f.
[28] Vgl. Kraus (2006/2007), S. 29f.
[29] Kraus (2006/2007), S. 31.
[30] Vgl. Schiffer (2003), S. 18.
[31] Vgl. Schiffer (2003), S. 19.

Eisenstabes als optional betrachtete und nicht als wesentlich für seine maßgeblichen Interessen erachtete.[32] Es dient ihm *nur* zum „Nachweis der Erhaltungskraft"[33]. Guericke schreibt: „*Nach zwei-, drei- oder mehrmaligem* Reiben oder Streichen zieht sie [die Schwefelkugel] die genannten Schnitzel an und nimmt sie mit, *wenn* sie um ihre Achse gedreht wird."[34] Die wichtigen Stellen sind hier von mir kursiv gesetzt worden. Ich interpretiere die Quelle so, dass zunächst ein manueller Reibevorgang erfolgt und *erst danach* (bei Bedarf) eine Drehung erfolgt. Gegen ein Handauflegen bei Umdrehung spricht einerseits, dass die Reibevorgänge *gezählt* werden und andererseits, dass in der Tafel, die Guericke zur Veranschaulichung der Konstruktion hinzufügte, *keine Kurbel* erkennbar ist.[35] Für Schiffer ist das Experimentaldesign auschlaggebend für die Beurteilung. Dass Guericke die aufgetretenen Effekte nicht als ‚elektrische' konzipiert hat, stellt nur einen zusätzlichen Beleg für die Diagnose dar. Zudem behauptet Schiffer, dass es wahrscheinlich ist, dass Hauksbee nicht mit Guerickes Arbeiten vertraut war, weshalb es auch möglich ist, dass Hauksbees Elektrisiermaschine nicht durch Guerickes Schwefelkugel inspiriert wurde.[36] Trotz der problematischen Theoriegeladenheit von Guerickes Arbeiten und des Problems ihrer Reproduzierbarkeit[37], hat er einige inspiriert und neue Forschungsmöglichkeiten eröffnet.

5. Abschließende Würdigung

Ungeachtet seiner theoretischen Irrtümer muss Guerickes experimentelles Geschick und seine ausgeprägte Beobachtungsgabe bewundert werden. Denn sein technisches Talent und die genauen Beschreibungen seiner Schwefelkugelexperimente machen Guericke zu einem Vorboten und frühen Wegbereiter der Elektrizitätslehre.[38] Außerhalb der ernsten Forschung durfte Guerickes Schwefelkugel zudem auch in Salons als ‚unterhaltsame

---

[32] Vgl. Guericke (1996), S. 165: „Wenn man will…"
[33] Guericke (1996), S. 167.
[34] Guericke (1996), S. 167.
[35] Vgl. Guericke (1996), S. 166, Tafel 18, Fig: V.
[36] Vgl. Schiffer (2003), S. 275f. Dem widersprechen Aussagen Leithäusers: Vgl. Leithäuser (1959), S. 29f.
[37] Vgl. Heilbron (1979), S. 219.
[38] Klemm (1965), S. 69.

Kuriosität' für das spielerische Vergnügen herhalten.[39] Guerickes scheinbar magische Kräfte haben seinerzeit seiner Position als Bürgermeister sicher nicht geschadet.

Guericke schuf mit den Schwefelkugeln als erster *künstliche* Gegenstände (Geräte und Modellkörper), an denen die elektrischen Kräfte hervorgerufen wurden. Mit dem Gestell zusammen bildete die Schwefelkugel „ein erstes frühes Vorbild einer Reibungselektrisiermaschine"[40]. Der Guericke-Übersetzer Hans Schimank pflichtet dem bei:

> „Es ist mehr oder weniger ein Wortstreit, wenn man erörtert, ob Guerickes Schwefelkugel als Frühform der Elektrisiermaschine bezeichnet werden darf oder nicht. Vom Standpunkt unserer Erkenntnis aus ist sie es gewiß. Für Guericke stellte die dagegen das Modell eines Weltkörpers dar, das in seiner äußeren Gestalt wie durch eine Anzahl seiner Eigenschaften Wesenszüge der echten Weltkörper veranschaulichte."[41]

Nichtsdestotrotz hatte Guericke wohl letztlich eine größere Begabung als Ingenieur denn als Physiker. An der historischen Bedeutsamkeit seines Werks und seiner Person ändert dies hingegen nichts.

---

[39] Vgl. Moewes (1996), S. 39.
[40] Kraus (2006/2007), S. 29.
[41] Schimank (1935), S. 245.

Literaturverzeichnis

Fritz Fraunberger: *Elektrizität im Barock*, Köln: Aulis Verlag [1964].

Otto von Guericke: *Otto von Guerickes Neue (sogenannte) Magdeburger Versuche über den leeren Raum*, (Experimenta nova (ut vocantur) Magdeburgica de vacuo spatio, Amsterdam 1672, deutsch), übersetzt v. Hans Schimank, 2. durchges. Aufl., hrsg. v. Fritz Krafft, Düsseldorf: VDI Verlag, 1996.

N. H. de V. Heathcote: Guericke's Sulphur Globe, in: *Annals of Science* 6, 3, 1950, S. 293-305.

John L. Heilbron: *Electricity in the 17th and 18th centuries: A study of early modern physics*, Berkeley u.a.: University of California Press 1979.

Friedrich Klemm: *Otto von Guericke*, in: Hans Prinz (Hrsg.) Feuer, Blitz und Funke, München: Bruckmann 1965, S. 67-69.

Fritz Krafft: *Was die Welt zusammenhält*, in: Puhle, Matthias (Hrsg.): Die Welt im leeren Raum: Otto von Guericke 1602-1686, Berlin: Deutscher Kunstverlag 2002, S. 90-107.

Felix Kraus: Otto von Guerickes Experimente mit der Schwefelkugel auf dem Wege zur Elektrizität, in: *Monumenta Guerickiana* (115), Heft 14/15, Magdeburg 2006/2007.

Joachim G. Leithäuser: Die unsichtbare Kraft. Roman der Elektrizität, Berlin Safari-Verlag 1959.

Erich Moewes: Otto von Guerickes Versuche mit der Schwefelkugel – sein Beitrag zur Geschichte der Elektrizitätslehre, in: *Monumenta Guerickiana* (26), Heft 3, Magdeburg 1996, S. 34-42.

Michael B. Schiffer: *Draw the Lightning Down. Benjamin Franklin and Electrical Technology in the Age of Enlightenment*, Berkeley: University of California Press 2003.

Hans Schimank: Geschichte der Elektrisiermaschine bis zum Beginn des 19. Jahrhunderts, in: *Zeitschrift für technische Physik* Jg. 16 (1935), Nr. 9, S. 245-254.